BEI GRIN MACHT SICH IHR WISSEN BEZAHLT

AF137328

- Wir veröffentlichen Ihre Hausarbeit,
  Bachelor- und Masterarbeit

- Ihr eigenes eBook und Buch -
  weltweit in allen wichtigen Shops

- Verdienen Sie an jedem Verkauf

Jetzt bei www.GRIN.com hochladen
und kostenlos publizieren

Christian Friedrich

Aus der Reihe: e-fellows.net stipendiaten-wissen

e-fellows.net (Hrsg.)

Band 1446

Strahlentherapie. Arten und Effekte auf Zellen

GRIN Verlag

Bibliografische Information der Deutschen Nationalbibliothek:

Die Deutsche Bibliothek verzeichnet diese Publikation in der Deutschen National-
bibliografie; detaillierte bibliografische Daten sind im Internet über http://dnb.d-
nb.de/ abrufbar.

Impressum:

Copyright © 2013 GRIN Verlag GmbH
Druck und Bindung: Books on Demand GmbH, Norderstedt Germany
ISBN: 978-3-656-97775-9

Dieses Buch bei GRIN:

http://www.grin.com/de/e-book/300931/strahlentherapie-arten-und-effekte-auf-
zellen

GRIN - Your knowledge has value

Der GRIN Verlag publiziert seit 1998 wissenschaftliche Arbeiten von Studenten, Hochschullehrern und anderen Akademikern als eBook und gedrucktes Buch. Die Verlagswebsite www.grin.com ist die ideale Plattform zur Veröffentlichung von Hausarbeiten, Abschlussarbeiten, wissenschaftlichen Aufsätzen, Dissertationen und Fachbüchern.

Besuchen Sie uns im Internet:

http://www.grin.com/

http://www.facebook.com/grincom

http://www.twitter.com/grin_com

Christian Friedrich

- Kursstufe 1
- Schuljahr 2012/2013

Seminararbeit
Strahlentherapie

Seminarkurs „Krebs"

Gymnasium Gammertingen

Zusammenfassung der Arbeit

In dieser Arbeit werden verschiedene Strahlenarten und ihre Wirksamkeit vorgestellt. Der Schwerpunkt ist der Vergleich von Röntgenstrahlen mit dem Beschuss des Tumors mit Protonen oder schweren Ionen. Protonen oder schwere Ionen dringen tiefer ins Gewebe ein als Röntgenstrahlung und geben erst dort ihre gesamte Energie ab. Aus diesem Grund sind diese für die Strahlentherapie ideal geeignet.

Zu dieser Therapieform wird unterstützend die Hyperthermie angewandt, die die Tumorzellen sensibler für Strahlung macht. Das Prinzip dieser Therapie ist, dass die Reparaturmechanismen der Tumorzellen verschlechtert, beziehungsweise die Kontrollpunkte im Zellzyklus außer Kraft gesetzt werden. Hierfür ist das p53-Protein verantwortlich, da dieses den Mechanismus der Apoptose in Gang setzt beziehungsweise den Zellzyklus stoppt. Durch den Einsatz von Hyperthermie akkumuliert dieses Protein in der Zelle und der Reparaturmechanismus wird in Kraft gesetzt, beziehungsweise die Apoptose hervorgerufen.

Inhaltsverzeichnis

Abbildungsverzeichnis

1. Tumor

1.1 Allgemeines

Krebs ist eine der gefürchtetsten Krankheiten der westlichen Industrieländer. Allein im Jahr 2004 starben rund 206 000 Menschen in Deutschland an Krebs, bei 436 500 Neuerkrankungen. Dies ergibt eine Sterberate von fast 50%.

Das Problem, mit welchem sich die Krebsforschung beschäftigt ist, dass es trotz fortschreitender medizinischer Versorgung noch kein Heilmittel gegen diese Krankheit gibt [1a] [2a].

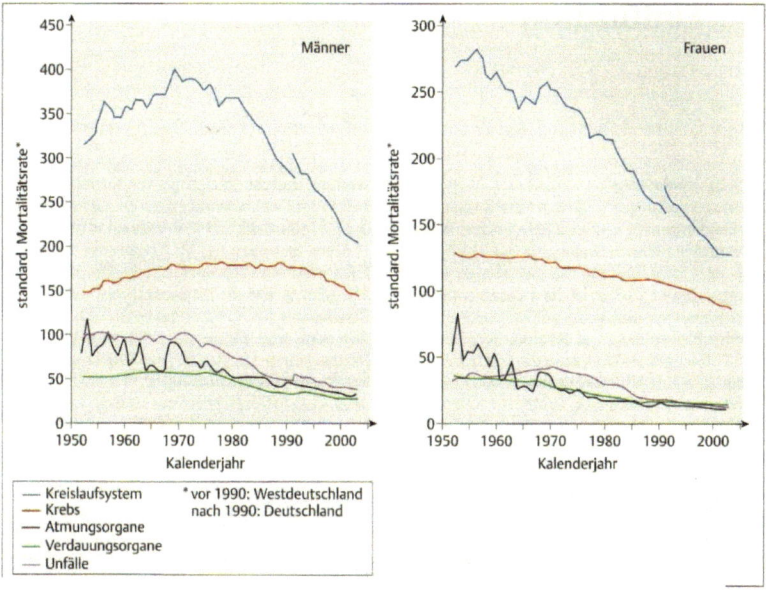

Abbildung 1: Sterberate von Krebs- und Kreislauferkrankungen

Abbildung 1 verdeutlicht, die Mortalitätsrate in Deutschlands innerhalb des Zeitraums von 1950 bis 2000. Es zeigt, dass die Sterberate von Krebserkrankungen beinahe konstant ist. Im Vergleich hierzu sind andere Erkrankungen, wie Kreislauferkrankungen deutlich zurück gegangen (durch den medizinischen Fortschritt).

Das Themengebiet, innerhalb der Medizin, welches sich mit Tumorarten auseinandersetzt wird Onkologie genannt. Dieser Fachbereich setzt sich aus drei Eckpfeilern zusammen. Diese sind: die Forschung, die Diagnose und schließlich die Therapie [1b]. Die Therapie umfasst drei Möglichkeiten zur Heilung von Krebs. Die erste Form ist die Bestrahlung des Tumors. Bei dieser Therapieform wird versucht den Zelltod (Apoptose) auszulösen. Die zweite Therapieform ist die Operation. Karzionogen veränderte Zellen werden vom umliegenden Gewebe, durch das Entfernen der betroffenen Zellen, getrennt. Die letzte Variante ist die Chemotherapie. Durch den Einsatz von bestimmten Medikamenten wird die Apoptose hervorgerufen. Diese drei Therapieformen lassen sich miteinander kombinieren, um den bestmöglichen Heilungserfolg zu erreichen [3].

1.2 Definition Tumor

Ein Tumor ist eine Anhäufung von Zellen, die genetisch mutiert sind. Diese vermehren sich unkontrolliert, da sie jegliche Kontrollpunkte innerhalb des Zellzyklus verloren haben.

Man unterscheidet zwischen gutartigen (benignen) und bösartigen (malignen) Tumoren. Gutartige Tumore sind durch eine Bindegewebshülle geschützt, bleiben somit im Verbund zusammengehalten und können nicht ins Nachbargewebe vordringen. Die malignen Tumore hingegen sind invasiv ins Nachbargewebe und bilden im Verlauf der Krankheit Metastasen aus. Somit kann nur eine Bestrahlung oder eine Chemotherapie Heilungschancen versprechen, da es unmöglich ist die Krebszellen im ganzen Organismus operativ zu entfernen. In diesem Fall spielt die Strahlentherapie eine zentrale Rolle. Etwa 60-70% aller Patienten mit Krebs hatten eine Bestrahlungstherapie hinter sich [4]

1.3 Tumorzellen und Zellzyklus

Der menschliche Organismus besteht aus etwa 10^{14} Zellen und bildet somit einen multizellulären Organismus. Damit dieses Leben überhaupt möglich ist, müssen sich Zellen teilen, um neue Tochterzellen zu bilden.

Krebs ist eine Krankheit, die sich durch das Versagen des Zellzykluskontrollsystems entwickelt. Es gibt zwei Ausprägungen von Tumoren. Zum Einen die benignen Tumorzellen. Diese Tumorzellen sind gut differenziert. Außerdem sind sie durch eine Bindegewebehülle in einem Verbund zusammengeschlossen. Dadurch kann es nicht zur Ausbreitung im gesamten Körper kommen. Die schlimmeren Zellveränderungen sind die der malignen Tumorzellen. Bei dieser Art der Krankheit spricht man von Krebs, da die Wege der Metastasen den Krebsbeinen ähneln. Außerdem sind sie invasiv in das Nachbargewebe. Das heißt sie können sich über die Blutbahn im gesamten Organismus verteilen.

Die Aufgabe des Zellzyklus ist es, aus einer Mutterzelle zwei neue Tochterzellen zu bilden. Dies ist notwendig, da ein multizellulärer Organismus wachsen beziehungsweise sich regenerieren muss.

Die Interphase, in der die Vorbereitung für die Mitose läuft, lässt sich in drei Unterabschnitte teilen. Als erstes die G1-Phase: Innerhalb der G1-Phase bereitet sich die Zelle auf die S-Phase vor. Zwischen der G1- und S-Phase gibt es einen Kontrollpunkt: der sogenannte Restriktionspunkt (siehe Abbildung 3). Dieser Punkt ist entscheidet für die Therapie eines Tumors, da hier die Apoptose aktiviert werden kann. Durch bestimmte Signale, wird der weitere Zellzyklus ausgelöst und die Zelle fängt an die Replikation durchzuführen, um sich anschließend zu teilen. Wird dieses Signal nicht ausgesendet beziehungsweise blockiert (durch Strahlung) wird der Zellzyklus in die G0-Phase versetzt. In dieser Phase teilt sich die Zelle nicht mehr. Dies kann bis zur Apoptose führen. Wird das Signal ausgesandt folgt die G2-Phase. In dieser Phase wird die Mitose vorbereitet. Außerdem dient sie der Zelle, um eventuelle Fehler die während der Replikation entstanden sind zu finden und zu korrigieren [2b].

Nach der Verdopplung trennen sich die Tochter-DNA-Stränge und orientieren sich in Richtung der entgegengesetzten Zellenden. Als letzten Schritt wird die Cytokinese durchgeführt. Hierbei trennt die Zellmembran die Tochter-DNA-Stränge räumlich voneinander. Es entstehen zwei neue Tochterzellen [2c].

Das besondere an Tumorzellen ist, dass sie durch Mutation die Kontrolle über den Zellzyklus und die Apoptose verlieren. Normalerweise regulieren und begrenzen bestimmte Gene beziehungsweise Proteine das Zellwachstum und die Zellteilung. Diese sind einerseits positiv stimulierende Regulatoren (zum Beispiel Wachstumsfaktoren). Andererseits gibt es negative Regulatoren sogenannte Tumorsuppresorgene (zum Beispiel das Retinoblastom-Gen oder das p53-Protein; siehe *3.2 Die Rolle des p53- Proteins*), die das Fortschreiten im Zellzyklus hemmen. Mutationen können die Expression dieser Gene in somatischen Zellen verändern und somit zu Krebs führen. Dadurch kommt es zu einer unkontrollierten Vermehrung von Zellen.

Mutationen entstehen auf verschiedene Weise: So gibt es Spontanmutationen, welche durch Fehler innerhalb der Replikation der DNA während der S-Phase entstehen oder durch karzinogen wirkende Stoffe ausgelöste Mutationen. Diese lassen sich unterscheiden in physikalische Mutagene wie zum Beispiel Strahlung oder chemische Mutagene, zum Beispiel Nitrosamine [2d]. Diese bestimmten krebserregenden Substanzen werden als Karzinogene bezeichnet [1c].

2. Strahlentherapie

2.1 Definition Strahlentherapie

Ionisierende Strahlen stören die Zellteilung oder verhindern sie komplett. Darauf beruht die Wirksamkeit der Strahlentherapie. Bevor sich die Zelle teilt muss die Zelle die DNA-Replikation durchführen. An dieser Stelle nimmt die Strahlung eine bedeutsame Rolle ein. Sie kann einen Doppelstrangbruch der DNA verursachen. Dies führt zur Teilungsunfähigkeit und schließlich zur Apoptose. Oft kann gesundes Gewebe beschädigte DNA, besser reparieren als viele Krebszellen. Dies liegt daran, dass gesunde Zellen ein Kontrollsystem besitzen. Diese Kontrollen gewährleisten die Integrität der DNA. Tumorzellen haben dieses Kontrollsystem verloren und gehen durch den Zellzyklus ohne Kontrollpunkte. Das Resultat ist, dass die Tumorzellen Schäden, durch Strahlung nicht mehr reparieren können und es folglich zur Apoptose kommt. Aus diesem Grund schädigen Strahlen den Tumor stärker als die nicht mutierten Zellen.

Eines der wichtigsten Prinzipien innerhalb der Strahlentherapie ist die sogenannte Fraktionierung. Die gesamte Strahlenmenge wird in einzelne, kleinere Strahlendosen aufgeteilt. Die Einheit für die Strahlendosis ist Gray (Gy). 1 Gy entspricht 1 J/Kg. Wird die Strahlung aufgeteilt, so fallen weniger Strahlenschäden in gesundem Gewebe an. Dies findet seinen Ursprung darin, dass gesunde Zellen Zellschäden besser reparieren als Tumorzellen. Innerhalb der Zeitintervalle zwischen den Behandlungen können sich die gesunden Zellen regenerieren, während die Tumorzellen im Laufe der Zeit absterben [5]. Die gesamte eingesetzte Strahlendosis ist individuell an den Patienten und die Tumorart angepasst. Im Allgemeinen sind ca. 80 Gy nötig bis die Behandlung abgeschlossen ist [6a].

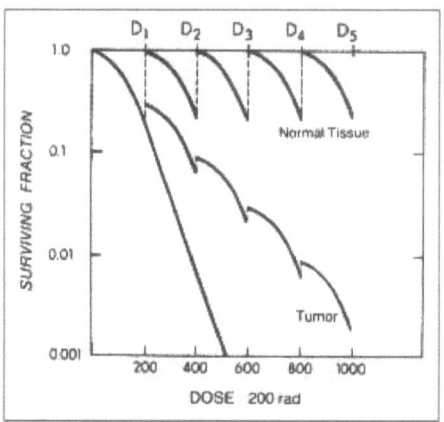

Abbildung 2: Die modellhafte Repopulation von Zellen

Abbildung 2 zeigt modellhaft, die Repopulation von gesunden Zellen und Tumorzellen. Der Verlauf der Linie, die mit „Normal Tissue" betitelt ist zeigt die modellhafte Repopulation von gesunden Zellen, die sich nach der Bestrahlung regenerieren. Die Linie, die mit „Tumor" betitelt ist zeigt die Anzahl an Tumorzellen. Diese regenerieren sich schlechter nach der Behandlung, da sie über keinerlei Kontrollen mehr besitzen. Die letzte Linie ist die Zellenanzahl ohne Repopulation.

Die größten Erfolge entstehen bei kürzeren Zeitintervallen zwischen den einzelnen Bestrahlungen. Auf der X-Achse ist die gesamte Strahlungsmenge in rad angegeben. 1 rad entspricht 0,01 Gy; es werden jeweils mit 2 Gy bestrahlt.

2.2 Ziele der Strahlentherapie

Es gibt zwei Ziele, der Strahlentherapie. Zum Einen die kurative Strahlentherapie. Hierbei wird die endgültige Vernichtung der Tumorzellen, durch auslösen der Apoptose und damit die Heilung des Patienten angestrebt [2e]. Zum Anderen die palliative Strahlentherapie. Es wird versucht die vorhandenen Beschwerden des Patienten zu lindern. Diese Form der Strahlentherapie wird nur angewandt, wenn die kurative Strahlentherapie keinen Erfolg mehr erzielt beziehungsweise der Tumor zu weit fortgeschritten ist.

Zellzyklus

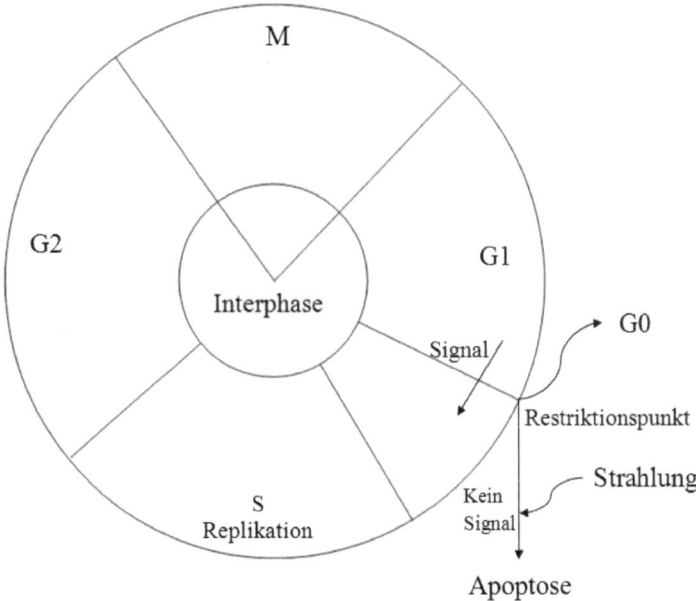

Abbildung 3: Der Zellzyklus innerhalb der Interphase

Abbildung 3 zeigt den zeitlichen Ablauf des Zellzyklus und der einzelnen Stadien der Teilung. Außerdem wird gezeigt, wie der Einsatz von Strahlung Effekte auf den Zellzyklus hat. Durch Strahlung wird der Zellzyklus in die G0-Phase versetzt.

2.3 Kosten einer Strahlentherapie

Die Kosten für eine ambulante Strahlentherapie belaufen sich je nach Tumor, beziehungsweise nach Anzahl der Bestrahlung zwischen 6.000 bis 8.000 €. Dieser Betrag kann allerdings auf das 3-fache (20.000 €) gesteigert werden, durch den Einsatz von Protonen beziehungsweise schweren Ionen (siehe *3.1.2 Vergleich der Strahlen von Protonen und Elektronen*). Vergleiche mit anderen Therapiearten von Tumoren zeigen, dass die Strahlentherapie relativ „preiswert" ist. Die Kosten für einen operativen Eingriff liegen deutlich höher (zwischen 5.000 und 15.000 €). Noch teurer ist die Chemotherapie, bei der Medikamente im Wert von 500 bis 5.000 € pro Monat benötigt werden [7][8].

3. Strahlenarten und ihre Effekte auf Zelle

Die Strahlentherapie arbeitet mit unterschiedlichen Strahlenarten und nutzt dadurch dessen spezifische physikalische und biologische Eigenschaften, um einen optimalen Erfolg gegen den Tumor zu versprechen.

3.1 Ionisierende Strahlung

Elektromagnetische Strahlen sind Röntgen- oder γ- Strahlung, beziehungsweise korpuskulare α- und β- Strahlen. Diese Strahlen geben ihre kinetische Energie beim Durchdringen der Zelle ab. Hierbei wird zwischen zwei Arten, bezüglich der Wirkung der ionisierenden Strahlung unterschieden: Zum Einen die direkte Strahlung, das heißt die Strahlen treffen direkt auf ein Makromolekül (zum Beispiel Ribose innerhalb der DNA). Zum Anderen die indirekte Strahlung, bei der ein Wassermolekül getroffen und die Radiolyse ausgelöst wird [9a].

Bei der Radiolyse von Wasser entstehen Hydroxyl ($\cdot$OH) Radikale[1d]. Unter dem Einfluss der ionisierenden Strahlung wird ein Elektron des Sauerstoffs aus der Elektronenhülle herausgebrochen. Damit entstehen H_2O^+ und e^-. Das positiv geladene Wassermolekül zerfällt in H^+ und ein $\cdot$OH-Radikal [10]. Dieses $\cdot$OH- Radikal ist äußerst instabil. Es bewirkt zum Beispiel eine chemische Umformung der Basen innerhalb des DNA- Strangs [1d].

Es gibt drei Arten, wie die DNA durch ionisierende Strahlung direkt beschädigt werden kann. Dabei wird zwischen den DNA-Einzelstrang-, beziehungsweise den DNA-Doppelstrangbruch oder Beschädigung von einzelnen Basen (durch UVA/UVB-Strahlung) unterschieden.

Wenn die Basen der DNA, durch ionisierende Strahlung beschädigt werden zeigt sich dies als chemische, strukturelle Umformung. Diese Basenveränderungen können über Basen-

Exzisions-Reparatur entfernt werden [9a]. Als erstes wird die beschädigte Base aus dem DNA- Strang ausgeschnitten. Dies geschieht durch Glykosylase. Hierbei entsteht ein Schnitt innerhalb des DNA-Rückgrats. Anschließend wird durch die DNA-Polymerase die entstandene AP- Stelle mit der richtigen Base ausgefüllt [9b]. Als letzten Schritt verknüpft die DNA-Ligase das Rückgrat der DNA.

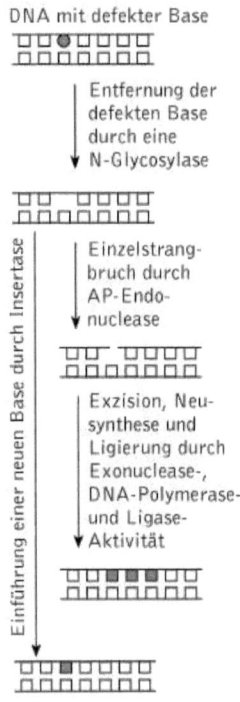

Abbildung 4: Basen-Exzisions-Reparatur

Abbildung 4 veranschaulicht, wie die Basen-Exzisions-Reparatur erfolgt. Zuerst wird die defekte Base durch Glykosylase aus dem DNA-Strang herausgetrennt. Anschließend wird entweder eine andere Base eingefügt, oder es wird ein DNA-Einzelstrangbruch verursacht, dieser wird anschließend durch DNA-Polymerase und Ligase wieder geschlossen.

Ein DNA-Einzelstrangbruch ist für die Zelle kein letales Ereignis, da dieser Bruch durch den intakten, komplementären Strang wieder hergestellt werden kann. Dieser Partnerstrang dient als Matrize für die Neusynthese, da dieser die komplementären Basen des durchtrennten Stranges beherbergt. Anders ist dagegen der DNA-Doppelstrangbruch, da nun eine solche Art der Reparatur nicht mehr möglich ist. Teilt sich diese Zelle gehen DNA-Fragmente ohne Centromer verloren. Dies hat einen Genverlust zur Folge und führt schließlich zum Kontrollverlust. Somit ist ein DNA-Doppelstrangbruch für die Zelle ein letales Ereignis [9a].

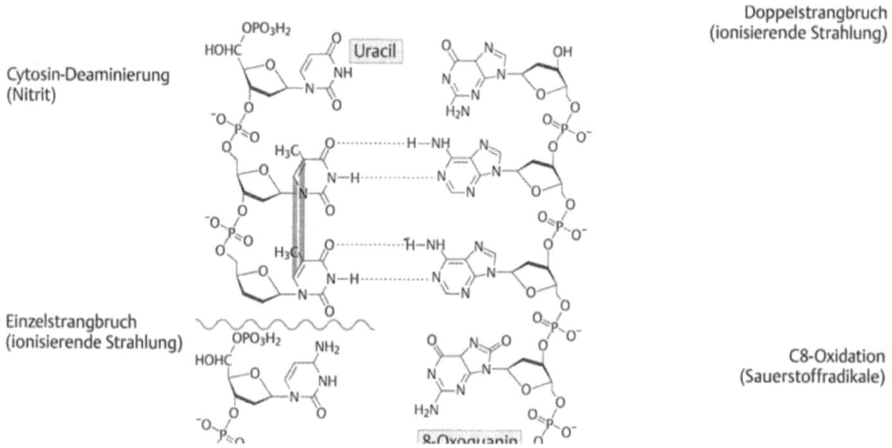

Abbildung 5: Verschieden DNA-Schäden durch Strahlung

Abbildung 5 stellt verschiedene Arten von DNA- Schäden (durch Strahlung) dar, die eine Mutation der DNA auslösen können. Sie zeigt einen DNA-Einzelstrangbruch (blau durchtrennter DNA-Strang). Außerdem finden sich auch, chemisch veränderte Basen innerhalb der DNA, zum Beispiel 8-Oxoguanin.

3.1.1 Teilchenbeschleuniger

Ein Teilchenbeschleuniger ist ein Apparat, um Ionen auf hohe Geschwindigkeiten zu beschleunigen und diesen somit kinetische Energie zuzuführen. Es gibt zwei Varianten von Teilchenbeschleunigern. Den Linearbeschleuniger und den Ringbeschleuniger.

Linearbeschleuniger:

In einem Linearbeschleuniger herrscht ein starkes elektrisches Feld, welches die Ionen durch An- beziehungsweise Abstoßung beschleunigt. Die Ionen durchlaufen mehrere Driftröhren. Diese Röhren sind entweder positiv oder negativ geladen, also stoßen Ionen ab oder ziehen diese an. Sobald das Ion eine positive und negative Driftröhre passiert hat, müssen die Röhren (durch Wechselspannung) umgepolt werden, damit das Ion weiter in Richtung des Targets fliegt und nicht von den durchquerten Driftröhren angezogen wird. Durch das Umpolen der Röhren lassen sich sowohl negative als auch positive Ionen beschleunigen [11].

Ringbeschleuniger:

In einem Ringbeschleuniger herrscht ein starkes magnetisches Feld. Sobald das Ion in das magnetische Feld eintritt wird dieses durch die sogenannte Lorentzkraft in Form eines Kreises abgelenkt. Die Lorentzkraft ist hierbei die nach Kreismittelpunkt gerichtete Kraft. Nachdem das Ion auf die gewünschte Geschwindigkeit beschleunigt wurde, wird dieses durch ein elektrisches Feld aus der Kreisbahn geworfen und auf das Target gerichtet.

Der Vorteil von Ringbeschleunigern im Vergleich zu den Linearbeschleunigern ist, dass sich deutlich höhere Energiemengen einstellen lassen. Ein Beispiel hierfür wäre der LHC in Cern (der weltweit größte Teilchenbeschleuniger, dieser erreicht bis zu $14 * 10^{12}$ eV). Allerdings gibt es auch Nachteile von Ringbeschleunigern, wie die sogenannte Synchrotonstrahlung. Hierbei gibt das Ion bereits aufgenommene kinetische Energie teilweise in Strahlungsenergie wieder ab [11].

3.1.2 Vergleich der Strahlen von Protonen und Elektronen

Innerhalb der Strahlentherapie kann mit unterschiedlichen Strahlungsarten gearbeitet werden. Man unterscheidet zwischen dem Beschuss des Tumors mit Protonen, also beschleunigte Kernteilchen und der Bestrahlung mit Röntgenstrahlen. Diese Varianten unterschieden sich durch ihre physikalischen Eigenschaften [12a].

Röntgenstrahlen entstehen beim Abbremsen von sehr schnellen Elektronen auf ein Hindernis zum Beispiel Wolfram. Die entstehenden Strahlen sind elektromagnetische Wellen. Sie haben eine Wellenlänge von 0,01 bis ca. 10 nm [13].

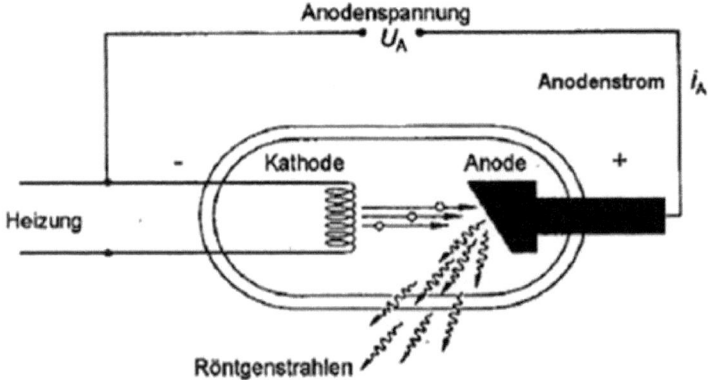

Abbildung 6: Erzeugung von Röntgenstrahlen

Abbildung 6 zeigt, wie Elektronen durch eine Glühkatode freigesetzt werden (glühelektrischer Effekt). Diese werden zuerst beschleunigt (durch ein elektrisches Feld), um anschließend auf eine Materie zu treffen (meist Wolfram), damit Röntgenstrahlung emittiert wird.

Die Röntgenstrahlung liegt mit ihrem Wellenlängenbereich unter dem des normalen, sichtbaren Lichts (380 bis 780 nm) [14]. Deshalb ist Röntgenstrahlung viel energiereicher als Licht, da eine kleinere Wellenlänge eine höhere Energiemenge bedeutet und somit auch schwerer zu bremsen ist. Dadurch durchdringen die Röntgenstrahlen das Gewebe viel tiefer als Licht. Diese Strahlen werden trotzdem rasch vom Gewebe absorbiert. Somit ergibt sich eine geringe Eindringtiefe ins Gewebe [12b].

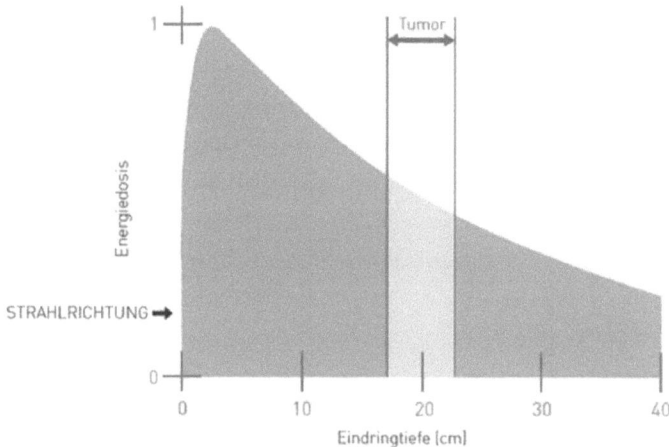

RÖNTGEN (Linearbeschleuniger 15 MV)

Abbildung 7: Eindringtiefe von Strahlen in Relation zur Energiedosis

Abbildung 7 beschreibt, wie sich der Verlauf der Energiedosis im Verhältnis zur Eindringtiefe ins Gewebe verhält. Wenn der Tumor etwas tiefer im Gewebe liegt, treffen kaum noch kinetisch-energiereiche Strahlen mehr auf, da das überliegende Gewebe einen Großteil der Strahlen absorbiert hat. Vor allem das Gewebe oberhalb des Tumors wird stark bestrahlt und beschädigt.

Im Vergleich hierzu gibt es die zweite Variante, der Beschuss mit Protonen. Um freie Protonen verfügbar zu machen, muss zuerst molekularer Wasserstoff ionisiert werden. Diese Reaktion läuft wie folgt ab [15]:

$$H_2 + e^- \rightarrow H_2^+ + 2e^-$$

Eine andere Möglichkeit ist es das Wasserstoff-Isotop ^1H einzusetzen, da dieses nur aus einem Proton besteht. Dieses kommt allerdings selten zum Einsatz.

Diese freien Protonen werden nun in einem Ringbeschleuniger (siehe *3.1.1 Teilchenbeschleuniger*) auf bis zu 60 % der Lichtgeschwindigkeit beschleunigt. Dies entspricht in etwa 180.000 km pro Sekunde [12c].

Das Besondere, das den Beschuss von Protonen gegenüber Röntgenstrahlen ausmacht ist, dass die Protonen ihre kinetische Energie erst viel später im Gewebe abgeben. Je langsamer die Protonen im Gewebe werden, umso mehr Energie geben diese ab. Kurz bevor die Protonen zu 100% abgefangen sind und somit keine kinetische Energie mehr haben, geben sie ihre gesamte Energie an das umliegende Gewebe ab. Diesen Effekt nennt man „Bragg- Peak" [12d]. Durch dieses Phänomen lässt sich die Strahlung ziemlich genau auf den Tumor konzentrieren. Somit wird umliegendes Gewebe weitestgehend geschont.

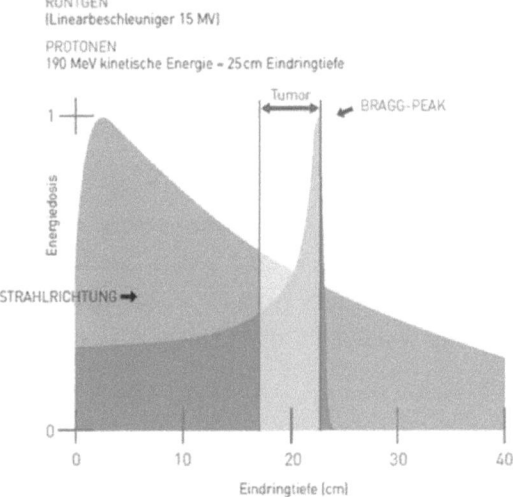

Abbildung 8: Vergleich von Eindringtiefe von Röntgenstrahlen und Protonen

Abbildung 8 stellt dar, wie sich Röntgenstrahlung und der Beschuss von Protonen im Verhältnis von Eindringtiefe zur Energiemenge verhalten. Bei tiefer liegenden Tumoren erreicht der Beschuss von Protonen eine deutlich höhere Energiemenge an der betroffenen Stelle.

Als Resultat des Vergleichs zwischen den Röntgenstrahlen und den Beschuss mit Protonen zeigt sich, dass der Beschuss von Protonen auf den Tumor mehr Effizienz und somit eine bessere Heilungschance hat. Durch diese Art der Therapie wird das umliegende Gewebe besser geschützt und somit verträglicher für den Patienten gemacht. Außerdem kann bei dieser Therapie die Energiemenge deutlich erhöht werden (siehe Abbildung 8: Röntgenstrahlen 15 MV entspricht 15 MeV; Protonen 190 MeV); in diesem Fall bis über die 10-fache Dosis. Diese Energie wird aber durch die Menge an Teilchen teilweise wieder kompensiert, da für die komplette Therapie mit Protonen nur etwa die Gasmenge H_2 einer Champagnerperle benötigt wird. Die Menge an Teilchen, um die Röntgenstrahlen zu emittieren liegt deutlich darüber. Trotzdem wirken Protonen energiereicher als Röntgenstrahlen. Dadurch stellt sich ein kürzerer Bestrahlungszeitraum ein, welcher dem Patienten zu gute kommt.

Eine weitere Sonderform der Behandlung ist die, den Tumor mit schweren Teilchen zu beschießen. Diese sind oftmals Kohlenstoff-Ionen. Diese haben im Vergleich zu Protonen eine höhere Präzision und eine höhere biologische Wirksamkeit. Insbesondere ist diese Wirksamkeit vorteilhaft bei strahlenresistenten Tumoren [4].

3.2 Die Rolle des p53-Proteins

Im Gliederungspunkt *3. Strahlenarten und ihre Effekte auf Zellen* wurden wichtige Faktoren dargestellt, um Tumorzellen zu zerstören. Allerdings haben Zellen bestimmte Mechanismen, um sich vor solchen Schäden zu schützen. Hierbei spielt das Protein p53 eine zentrale Rolle. Das Protein kann den kompletten Zellzyklus (siehe *1.3 Tumorzellen und Zellzyklus*) blockieren.

Normalerweise ist das p53 Protein an Mdm2 gebunden. Dieses Mdm2-Protein ist für den Abbau von p53 verantwortlich. Durch die Übertragung von Phosphat-Gruppen durch die ATM-Kinase oder der Checkpoint-Kinase löst sich das p53 Protein vom Mdm2 und ist somit stabil. Somit steigt die Konzentration von p53 um ein vielfaches [9c].

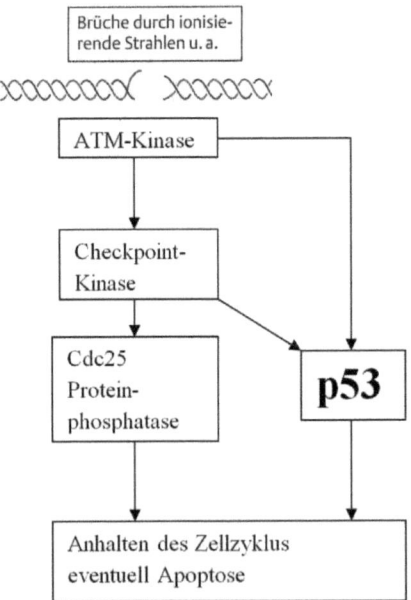

Abbildung 9: Der Mechanismus zur Hemmung des Zellzyklus durch Strahlung

Abbildung 9 zeigt, welche Reparaturmechanismen bei DNA- Schäden ausgelöst werden. Bestimmte Proteine erkennen DNA-Schäden und binden an diese Stelle. Dadurch aktivieren sie die ATM-Kinase (Ataxia Teleangiectasia Mutated-Kinase). Diese ATM-Kinase kann das Protein p53 phosphorylieren und dieses somit aktivieren. Die ATM-Kinase kann außerdem die Checkpoint-Kinase aktivieren, welche später das p53 aktiviert. Dieses Protein ist ein Tumorsuppresorgen. Deshalb stoppt es den Zellzyklus und verschafft der Zelle Zeit um Reparaturarbeiten an der DNA vorzunehmen.

Die Rolle des p53-Proteins als Tumorsuppresorgen wurde bereits genannt. Wenn nun eine Mutation des p53-Proteins auftritt wird der komplette Reparaturmechanismus der Zelle außer Kraft gesetzt. Somit werden Schäden der DNA nicht repariert und es entsteht eine wesentlich höhere Chance, für Mutationen und der Bildung von einem Tumor [1e]

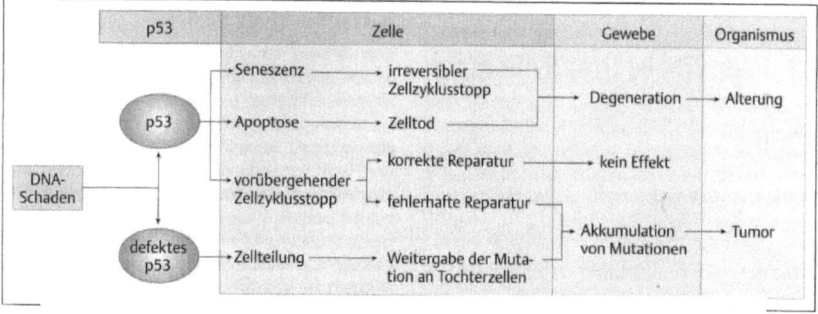

Abbildung 10: Systematischer Ablauf des Zellzyklus mit intaktem und defektem p53

Abbildung 10 schildert, welche Auswirkungen es hat, wenn das p53-Protein mutiert, beziehungsweise defekt ist. Der Zellzyklus wird nicht gestoppt, beziehungsweise die Apoptose wird nicht hervorgerufen. Dies hat zur Folge, dass Mutationen von der Zelle nicht repariert werden und es somit zur Entartung der Zelle führt.

4. Unterarten der Strahlentherapie

Die Strahlentherapie umfasst mehrere Untergruppen von Therapieformen. Diese sind einerseits äußerliche Anwendungen (stereotaktische) Therapien, andererseits innere Anwendungen (interstitielle). Je nach Tumorart wird zwischen diesen Möglichkeiten variiert.

4.1 Stereotaktische Strahlentherapie

Die stereotaktische Strahlentherapie wird auch als Radiochirurgie bezeichnet. Bei dieser Form der Behandlung werden mit submilimeterpräzsien (<1mm) Geräten gearbeitet, um die Strahlendosis (meist zwischen 1,8 bis 2,5 Gy) möglichst genau gezielt ins Gewebe abzugeben.

Innerhalb der stereotaktischen Strahlentherapie wird zwischen zwei Unterarten unterschieden. Es gibt die interstitielle und die perkutane stereotaktische Bestrahlung. Die perkutane Bestrahlung umfasst die Radiochirurgie mit speziell ausgerüsteten Linearbeschleunigern, der Beschuss mit Protonen und dem Effekt „Bragg-Peak" (siehe *3.1.2 Vergleich der Strahlen von Protonen und Elektronen*) und dem Einsatz vom sogenannten „Gamma- Knife" (siehe hierzu Titelbild) [16a].

4.2 Interstitielle Brachytherapie

Die Brachytherapie ist eine Sonderform der Strahlentherapie. Innerhalb dieser Therapieform werden radioaktive Nuklide möglichst nahe an ein Tumorgewebe platziert. Dazu werden anatomische Hohlräume ausgenutzt, um dort die Nuklide zu positionieren. Diese radioaktiven Nuklide setzen allmählich Strahlung frei. Die Strahlenmenge, die emittiert wird, kann durch Einsatz verschiedener radioaktiver Stoffe variiert werden. Dadurch kann für jede Art von Tumor die optimale Strahlenmenge und somit das geeignete Nuklid bestimmt werden.

Am häufigsten werden die Isotope ^{137}Cs (Cäsium) und ^{192}Ir (Iridium) genutzt. Eine spezielle Verwendung findet das Isotop ^{125}I (Iod) bei der Behandlung von Prostatakarzinomen. Dieses wird in Form von kleinen Seeds in die Prostata implementiert. Sie geben eine schwachenergetische Gammastrahlung ab.

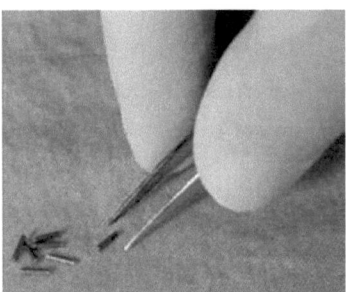

Abbildung 11: Iod-Seeds zum Einsetzen in die Prostata

Abbildung 11 zeigt Seeds des Isotops ^{125}I. Diese Seeds sind nur wenige Millimeter lang und werden direkt in die Prostata implementiert.

Allerdings muss bei dieser Art der Therapie darauf geachtet werden, dass das Nuklid sehr nahe am Tumor platziert wird, da die Strahlungsmenge gemäß dem Quadratabstandgesetz bestimmt wird. Dieses besagt, dass bei doppeltem Abstand nur noch ¼ der Menge an Strahlung ankommt. Daraus ergibt sich außerdem, dass der Tumor selbst noch kein hohes Volumen aufweisen darf, da die Dosisleistung maximal 1,5cm erreicht [16b] [6b].

5. Hyperthermie

Die Hyperthermie ist eine ergänzende Therapie zur eigentlich Strahlentherapie, da das Gewebe nur empfindlicher für die Strahlung gemacht wird. Bei dieser Form der Therapie wird die Temperaturerhöhung des Tumorgewebes angestrebt. Statt den körpereigenen 37°C wird das Tumorgewebe auf ca. 40-44°C erwärmt. Diese Erwärmung wird über ringförmig angeordneten Antennen verursacht. Diese senden Wellen in der Frequenz des Radiowellenbereichs (70-100 Mhz) aus.

Der biologische Effekt bei der Hyperthermie ist, dass die erwärmten Zellen eine höhere Empfindlichkeit gegen Radio- und Chemotherapie zeigen. Dieser Verstärkungsfaktor liegt je nach Tumorart zwischen dem 1,5-5-fachen [16c]. Dieser Effekt tritt auf, da die Hyperthermie das Tumorsuppresorgen p53 in der Zelle akkumulieren lässt [17].
Als Folge wird die Zellteilung gestoppt und es kann schließlich durch die zusätzliche Strahlung die Apoptose hervorgerufen werden.

Obwohl die Strahlung den gleichen Schaden verursacht, wie ohne eine zusätzliche Hyperthermie schädigt diese Kombination die Zellen mehr, da die Reparaturmechanismen deutlich beschädigt werden.

6. Fazit

Ziel dieser Arbeit war es die aktuellen Therapieformen der Krebsbehandlung miteinander zu vergleichen, um abschließend die effektivste Form der Therapie zu identifizieren. Als Resultat zeigte sich, dass die Strahlentherapie im Vergleich zur Chemotherapie und dem operativen Eingriff die patientenfreundlichste Variante darstellt, da keine stationäre Versorgung nötig ist und dies mit einer großen Zeiteinsparung korreliert. Auch die Nebenwirkungen sind in dem Vergleich zu anderen Therapieformen bei der Strahlentherapie gering.

Da hinsichtlich der Strahlenart enorme Unterschiede bestehen, wurde besonderen Wert auf die unterschiedlichen Möglichkeiten der Strahlenarten gelegt. Der Vergleich von Röntgenstrahlung und dem Beschuss des Tumors mit Protonen zeigt, dass der Protonenbeschuss eine effektivere Therapie darstellt. Leider wird diese Therapieform nur sehr selten praktiziert, da diese wesentlich teurer ist als die Behandlung mit Röntgenstrahlung.

An dieser Stelle soll auf die Handlungsfehler, die sich aus der Untersuchung dieser Arbeit ergeben, eingegangen werden. Diese sind einerseits gesellschaftliche und andererseits individuelle, im Patienten begründete Herausforderungen.

So ist die Therapie mit Protonen mit erheblichen Kosten verbunden und deshalb werden nur Patienten, die speziell für diese Therapie auserwählt sind mit dieser therapiert. Deshalb werden die Kosten nur in sehr seltenen Fällen von den Krankenkassen übernommen. Zudem investiert die Regierung nur einen geringen Anteil der Forschungsgelder in die Strahlentherapie. Dadurch wird die Therapieform mit Protonen für breite Bevölkerungsschichten unbezahlbar und stellt aufgrund der geringen Forschungsaktivitäten eine noch förderungswürdige Therapieform dar.

Als Fazit der Strahlentherapie kann festgehalten werden, dass es trotz jahrelanger Forschung und Unmengen an Forschungsgeldern immer noch nicht gelungen ist ein Heilmittel beziehungsweise eine Therapieform gegen Krebs zu entwickeln.

7. Literatur/ Internet

1a Christoph Wagener, Oliver Müller; Molekulare Onkologie; 3. Auflage; Seite 1f

1b Christoph Wagener, Oliver Müller; Molekulare Onkologie; 3. Auflage; Seite 4

1c Christoph Wagener, Oliver Müller; Molekulare Onkologie; 3. Auflage; Seite 67

1d Christoph Wagener, Oliver Müller; Molekulare Onkologie; 3. Auflage; Seite 66

1e Christoph Wagener, Oliver Müller; Molekulare Onkologie; 3. Auflage; Seite 260f

2a Purves W.K., Sadava D., Orians, G.H., Heller, H.C.; Biologie; 9. Auflage; Seite 300

2b Purves W.K., Sadava D., Orians, G.H., Heller, H.C.; Biologie; 9. Auflage; Seite 278f

2c Purves W.K., Sadava D., Orians, G.H., Heller, H.C.; Biologie; 9. Auflage; Seite 277

2d Purves W.K., Sadava D., Orians, G.H., Heller, H.C.; Biologie; 9. Auflage; Seite 301

2e Purves W.K., Sadava D., Orians, G.H., Heller, H.C.; Biologie; 9. Auflage; Seite 302

3 Dr. med. Matthias Rath; Fortschritte der zellular Medizin; 7. Auflage; Seite 58

4 Jürgen Dunst, Ralf Kampf, Bernhard Kimmig, Bernd Kremer; Schleswig-Holsteinisches Ärzteblatt 10/2008; Medizin und Wissenschaft; Partikeltherapiezentrum; Seite 63f

5 http://www.uke.de/kliniken/strahlentherapie/downloads/klinik-strahlentherapie-radioonkologie/Diplomarbeit_Fischer.pdf; Seite 18

6a http://www.chemie.de/lexikon/Strahlentherapie.html#Fraktionierung

6b http://www.chemie.de/lexikon/Strahlentherapie.html#Brachytherapie

7 http://www.uksh.de/uksh_media/Dateien_Kliniken_Institute+/Radiologiezentrum/Strahlentherapie_HL/Dokumente/Allgemeine+Informationen+zur+Strahlentherapie.pdf

8 http://www.klinikum.uni-heidelberg.de/Prof-Debus-Clinic.113189.0.html

9a Rolf Knippers; Molekulare Genetik; 8. Auflage; Seite 275

9b Rolf Knippers; Molekulare Genetik; 8. Auflage; Seite 271

9c Rolf Knippers; Molekulare Genetik; 8. Auflage; Seite 279- 281

10 http://de.wikipedia.org/wiki/Hydroxyl-Radikal

11 Prof. Dr. Franz Bader; Physik 11/12; Seite 61f

12a http://www.rptc.de/de/protonentherapie/bestrahlung-mit-protonen.html
12b http://www.rptc.de/de/protonentherapie/bestrahlung-mit-protonen/eigenschaften-von-roentgenstrahlen.html
12c http://www.rptc.de/de/protonentherapie/technik-der-protonenbestrahlung.html
12d http://www.rptc.de/de/protonentherapie/bestrahlung-mit-protonen/eigenschaften-von-protonenstrahlen.html

13 http://www.immr.tu-clausthal.de/geoch/labs/XRF/RFA/Kapitel1.html

14 http://www.puchner.org/Fotografie/technik/physik/licht.htm

15 http://de.wikipedia.org/wiki/Wasserstoff

16a H.-J. Schmoll, K. Höffken, K. Possinger; Kompendium Internistische Onkologie; Teil 1; 4.Auflage; Seite 568
16b H.-J. Schmoll, K. Höffken, K. Possinger; Kompendium Internistische Onkologie; Teil 1; 4.Auflage; Seite 563
16c H.-J. Schmoll, K. Höffken, K. Possinger; Kompendium Internistische Onkologie; Teil 1; 4.Auflage; Seite 608

17 http://edoc.ub.uni-muenchen.de/2985/1/Wolf_Peter.pdf.pdf; Seite 6

8. Anhang

Abbildungen

Abbildung 1 Christoph Wagener, Oliver Müller; Molekulare Onkologie; 3. Auflage; Seite 2; Abbildung 1.1; Quelle: www.rki.de

Abbildung 2 http://www.uke.de/kliniken/strahlentherapie/downloads/klinik-strahlentherapie-radioonkologie/Diplomarbeit_Fischer.pdf; Seite 18; Abbildung 2.12

Abbildung 3 Selbsterstellte Abbildung

Abbildung 4 http://www.wissenschaft-online.de/lexika/images/biok/fff361.jpg

Abbildung 5 Christoph Wagener, Oliver Müller; Molekulare Onkologie; 3. Auflage; Seite 68; Abbildung 4.8

Abbildung 6 http://online-media.uni-marburg.de/radiologie/lehre/bilder/roe_roehre.gif

Abbildung 7 http://www.rptc.de/de/protonentherapie/bestrahlung-mit-protonen/eigenschaften-von-roentgenstrahlen.html

Abbildung 8 http://www.rptc.de/de/protonentherapie/bestrahlung-mit-protonen/eigenschaften-von-protonenstrahlen.html

Abbildung 9 Selbsterstellte Abbildung nach Vorbild: Rolf Knippers; Molekulare Genetik; 8. Auflage; Seite 279; Abbildung 9.30

Abbildung 10 Christoph Wagener, Oliver Müller; Molekulare Onkologie; 3. Auflage; Seite 260; Abbildung 8.78

Abbildung 11 http://www.leifiphysik.de/sites/default/files/medien/seeds1_anwendkernphy
_auf.jpg

Titelbild:

http://www.strahlentherapie.de/uploads/images/Rundestr_Ger%C3%A4t_anstelle%20After
loading.jpg